Das Klugscheisser Hunde-buch

Abenteuer Gassi – Beschäftigung ohne Hilfsmittel

Melanie Knies
Anke Peters
Simone Laube
Robert Gaiswinkler

Impressum

Bibliografische Informationen der
Deutschen Nationalbibliothek

Die Deutsche Nationalbibliothek verzeichnet diese Publikation in der Deutschen Nationalbibliografie; detaillierte bibliografische Daten sind im Internet über

http://dnb.d-nb.de abrufbar.

ISBN: 978-3-95693-005-8

Korrektorat: Frank Petrasch

Grafisches Gesamtkonzept, Satz und Layout:
Büro Bum Bum, Berlin

Freundschaft:
www.facebook.com/fredundotto
www.facebook.com/berlinerklugscheisser
www.berliner-klugscheisser.de

Bildnachweis:
Alle Fotos von Anke Peters
www.fotografie-ankepeters.de
(außer S. 12: www.edes.com)
Autorenbilder:
Melanie Knies von Anke Peters
Anke Peters von Günter Brattig
Simone Laube von hundefotoberlin.de
Robert Gaiswinkler von Katja Gaiswinkler

Inhaltsverzeichnis

Klug-
scheisser

Was hat es mit denen auf sich?

Anfang des Jahres 2013 haben sich die Hundeunternehmer Robert Gaiswinkler, Simone Laube, Anke Peters und Melanie Knies (von links nach rechts) bei einem Netzwerktreffen in der Hauptstadt kennengelernt. Nach einigen Monaten des Beschnupperns wurde aus den Vieren das Berliner Hundequartett.

Je nachdem, welche Quelle man bemüht, leben in der deutschen Hauptstadt zwischen 100.000 und 160.000 Hunde. Und die bieten immer wieder genügend Diskussionsstoff – Kothaufen mitten auf dem Gehweg, Hundeführerschein oder nicht und Ordnungsgelder für Hundebesitzer, die ohne Kotbeutel unterwegs sind. Über Zwei- mit Vierbeinern wird nicht nur in Berlin viel gesprochen, diskutiert und geschimpft.
Das stank und stinkt dem Berliner Hundequartett genauso, wie die Hundehaufen, die auf den Straßen liegen und liegen bleiben. Der erste Schritt der Vier war daher die Produktion eines eigenen *berlinesken* Kotbeutels. Der Klugscheisser war geboren. Der knallgelbe Beutel, auf dem ein Hund seinen Haufen direkt vor das Brandenburger Tor setzt, wurde bewusst provokant gestaltet.
Die Planung des Beutels hat dem Quartett so viel Spaß gemacht, dass schnell weitere Projekte unter dem Namen »Klugscheisser« ins Leben gerufen wurden. Und was kommt dabei heraus, wenn man eine Fotografin, einen Hundesportler, eine Hundetrainerin und eine Hundebespaßerin in einen Raum sperrt? Richtig! Ein Buch!
Mit dem Projekt »Klugscheisser« verbindet die vier Unternehmer der Wunsch, das Leben zwischen Menschen mit und Menschen ohne Hund angenehmer zu gestalten. Dazu gehören saubere Straßen und zivilisierte Hunde. Und daran arbeiten die Klugscheisser gemeinsam. Damit das Leben zwischen Hund und Hundehalter kommunikativer, spannender und enger wird, haben die Klugscheisser dieses Buch geschrieben.

Auf ein Vorwort

Noch ein Hundebuch?
Diese Frage haben wir uns auch gestellt, als die Idee, ein Buch für den ambitionierten Hundehalter zu schreiben, aufkeimte. Aber ein Blick in die virtuellen Regale von Online-Book-Shops hat uns gezeigt, dass es das Buch, das wir im Kopf hatten, noch nicht gab.

Jetzt schon!

Und was unterscheidet das Klugscheisser-Hundebuch von den zahlreichen anderen »Spiel und Spaß mit dem Hund« -Büchern? Genau das! Dieses Buch hat nicht den Anspruch, ein Spiel- & Spaß-Buch zu sein, auch wenn genau das am Ende herauskommt.
Wir gehen mit diesem Buch einen Schritt weiter. Die literarischen Ergüsse und die Fotos auf den folgenden Seiten richten sich an die Hundehalter, die Wert darauf legen, mit Ihrem Vierbeiner zu kommunizieren, sei es verbal oder gerne auch nonverbal. Wir möchten diejenigen ansprechen, die an einem Dialog mit Ihrem Hund interessiert sind – unmittelbar, *inteam*, direkt. Wir verzichten auf Stock, Ball, Clicker oder Frisbee. Und wir verzichten auch auf viele Worte.
Unser Fokus liegt auf Körpersprache und Alltagstauglichkeit. Nicht immer ist das große Hundeauslaufgebiet gleich um die Ecke, wo Fiffi auf Bello trifft. Oftmals muss die Straße vor dem Haus ausreichen, um den Beagle auszulasten, den Schäferhund zu erfreuen und den Mischling von Joggern abzulenken.
Bei unseren Ideen werden aus Straßenlaternen Trainingspartner. Wir machen das Geländer vor dem Haus zu einem Agility-Parcours und den Zweithund zum Pylon. Schnappen Sie sich Ihre Fellpfote, die Leine und das Buch, und auf geht's ins Abenteuer Gassi. Allein, zu zweit oder in der Gruppe – mit dem Rassehund, dem Riesen oder dem Mini. Zwischen diesen Buchdeckeln steckt wirklich alles für ein spannendes Leben zwischen zwei Haufen.

Viel Spaß! Ihre Klugscheisser

Melanie, Robert,
Anke & Simone

Körper-sprache

Wortlos kommunizieren

Warum ist Körpersprache zwischen Mensch und Hund so wichtig? Weil der Körper immer spricht und meistens die Wahrheit sagt. Wenn wir uns frontal und leicht nach vorn gebeugt, mit fixierendem Blick und zusammengezogenen Augenbrauen, mit Falten auf der Stirn und ausgestrecktem Zeigefinger unserem Hund zuwenden und dabei mit erhobener Stimme »Komm mal hierher« rufen, dann merkt selbst der dümmste Hund, dass hier was nicht stimmt. Was nimmt der Hund dann ernst, das »Komm mal hierher« aus dem Munde oder das »Dann blüht Dir was!« des Körpers? Die meisten Hunde sind schlau und kommen nicht. Körpersprache ist alles, was wir nicht mit Worten ausdrücken: Unsere Körperhaltung, die Richtung und Geschwindigkeit unserer Bewegungen, die Art unseres Blicks und wohin er zeigt, unser Gesichtsausdruck und vieles mehr. Wenn Sie nun glauben, das alles wäre wahnsinnig kompliziert, dann ist die erleichternde Nachricht: Sie können es schon längst. Wir alle waren zu Beginn unseres Lebens darauf angewiesen, die körperlichen Signale unserer Eltern möglichst gut zu verstehen. Wir alle waren kleine Wesen ohne Sprache. Manche Fähigkeiten haben wir verlernt, andere wenden wir ständig an, ohne es zu merken. Das Spiel mit der Körpersprache ist eine faszinierende Reise in die Wortlosigkeit, in die eigene Kindheit, in eine Welt, in der wieder mit Händen und Füßen erklärt wird ... und eine Reise zum Wesen unserer Hunde. Darum ist Körpersprache so wichtig.

Die Einladung

Wir möchten unseren Hund gern in unserer Nähe haben. Dazu können wir ihn rufen. Aber wie geht das, wenn wir heiser sind, der Straßenlärm zu laut oder der Hund inzwischen taub? Wie würden wir unseren Körper einsetzen, um zu erreichen, dass er zu uns kommt oder uns folgt?

- **lächeln, ein freundliches Gesicht**
- **seitlich zum Hund stellen, frontale Körperstellung vermeiden**
- **das eigene Gewicht eher vom Hund weg verlagern**
- **den Blick dorthin richten, wo wir den Hund hin haben wollen (der Blick hat große Kraft!)**
- **eine einladende Handbewegung, die neugierig macht**
- **bei unsicheren Hunden kann man auch in die Hocke gehen, um sich klein zu machen**
- **natürlich auch sprechen, den Hund rufen oder ein vertrautes Geräusch machen**

Unsere Hunde achten auch auf unsere Körperspannung und jede Regung in unserem Gesicht. Wenn Ihr Hund der Einladung nicht gleich folgt, dann »spielen« Sie etwas mit Ihrem Körper. Werden Sie lockerer, verändern Sie einfach mal die Fußstellung, die Kopfhaltung, die Blickrichtung. Lassen Sie sich auch Zeit. Stellen Sie sich vor, Sie wollten in einem Land mit fremder Sprache ein unbekanntes, scheues Wesen an Ihre Seite locken. Spüren Sie in sich rein. Sind Sie hektisch, zu ehrgeizig, nicht bei der Sache und wirken dadurch vielleicht irgendwie abweisend? Es ist das Unersetzliche an unseren Hunden, dass sie der lebende Spiegel unserer eigenen Verfassung sind.

Ankommen lassen

»Menschen sind Gewohnheitstiere« sagt eine Redewendung, in denen ja häufig ein Funken Wahrheit steckt. Unser Alltag ist geprägt von festen Abläufen, an denen wir auch unser empfindliches Gefühl von Sicherheit und Verlässlichkeit messen. Aber manchmal verstellt uns diese Routine den Blick für vermeintliche Kleinigkeiten, die so wichtig wären – gerade in Beziehungen. Allzu häufig kommt es vor, dass wir unsere Hunde zu uns rufen, ohne dass es irgendeine Bedeutung für sie hat. Dann kommen sie mehr oder weniger nah zu uns, um zu erfahren, was es denn gibt – und um dann wieder zu verschwinden, weil wir unseren Blick schon längst abgewendet haben und in das Gespräch am Handy vertieft sind. Da muss es uns nicht wundern, wenn sie sich diesen Weg irgendwann sparen wollen. Deswegen: Nehmen Sie sich immer wieder die Zeit, Ihren Hund wirklich ankommen zu lassen. Er soll dann bei Ihnen sein, auch körperlich ganz nah. Es geht um Berührung und um Vertrauen. Schauen Sie dann gemeinsam in die Ferne oder nehmen Sie einfach nur drei tiefe Atemzüge miteinander. Genießen Sie das Gefühl, gemeinsam im Hier und Jetzt zu sein. Nicht immer, aber immer öfter.

Stoppen

Nun soll unser Hund verstehen, dass wir seine Nähe (ausnahmsweise mal) nicht möchten. Er soll beispielsweise vor dem Bäckersladen warten oder beim Öffnen der Wohnungstür einfach mal zurückbleiben, weil der neue Postbote Respekt vor Wolfshunden hat. Wie können wir das mit unserem Körper ausdrücken?

- **ein ernsthafter Gesichtsausdruck (nein, nicht schlecht gelaunt oder gar böse, nur seriös)**
- **eine frontale Körperstellung, die wie eine Sperre wirkt**
- **das Gewicht etwas nach vorn (ein Bein vorn)**
- **direkten Blickkontakt, der sagt »ich meine genau Dich«**
- **eine statische, eher abweisende Geste (häufig die aufrechte, offene Handfläche)**
- **sich eher groß machen und etwas Körperspannung annehmen**
- **nur wenn nötig auch ergänzend ein Wort wie »bleib« oder ein Geräusch verwenden**

Dieser Körperausdruck ist das Gegenstück zur Einladung. Während man bei der Einladung kaum übertreiben kann, ist beim Stoppen viel Fingerspitzengefühl nötig. Wir neigen dazu, Hunde nach Größe und Erscheinung einzuschätzen. Es gibt aber kräftige Doggen, die äußerst sensibel auf körpersprachliche Signale reagieren und so manchen kleinen Terrier, der klare Ansagen verträgt. Hier gilt es, den Hund genau zu beobachten, sich mit seiner Körpersprache auszukennen und langsam die richtige Dosis zu finden. Irgendwann erkennen Sie die Verfassung Ihres Hundes intuitiv und wissen, wie Sie ihn jetzt ansprechen müssen. Und es gibt nichts Spannenderes, als sich in einer engen Beziehung ein Leben lang gegenseitig kennenzulernen – finden wir.

Es ist ein tiefes Gefühl der Verbundenheit, sich ohne Worte mit dem eigenen Hund zu verständigen. Manchmal ist man sehr stolz, wenn eine kleine Körperbewegung oder auch nur ein Blick genügt. Da entstehen Wärme und Vertrauen.

**Und das Beste daran:
Es funktioniert nicht nur mit Hunden. Auch unter Menschen laufen viele wichtige Dinge über die Körpersprache – ständig und meistens völlig unbemerkt.**

Viele Wege führen nach Rom

Mit diesem kleinen Plädoyer möchten wir Sie für die Körpersprache begeistern. Wenn Sie diese Begeisterung nicht teilen können, sich dabei etwas albern vorkommen oder sich körperlich für insuffizient halten, dann lassen Sie sich dadurch den Spaß an unseren Übungen nicht verderben. Körpersprache ist nur eine Möglichkeit, um mit Tieren zu kommunizieren, und am Ende kommt es nur darauf an, dass Sie sich mit Ihrem Hund verständigen können und gemeinsam Freude haben.

Klugscheisser-Übung

Bei den folgenden Klugscheisser-Übungen finden Sie am rechten Seitenrand mehrere Piktogramme, um durch die verschiedenen Übungen zu navigieren. Die vier Kapitel des Buches beinhalten jeweils sechs verschiedene Übungen. Diese unterscheiden sich durch den Schwierigkeitsgrad und die Location für die Übung. Die Legende erklärt Ihnen die Bedeutung der Piktogramme.

Legende

1. Anspruch

Der wachsende Hundehaufen zeigt an, ob es sich um eine leichte, mittlere oder schwere Übung handelt.

Leicht **Mittel** **Schwer**

2. Location

Das Piktogramm symbolisiert, ob die Übung für die Straße oder den Park / Wald oder für beides geeignet ist.

Straße **Park / Wald**

3. Kategorie

Die Anzahl der verschiedenen Hunde- und Menschensymbole gibt an, mit wie vielen Menschen und Hunden die Übung gemacht werden kann. Zwei gleiche Symbole bedeuten zwei oder mehrere Menschen / Hunde.

Hund **Mensch**

TOCK! TOCK!

Um es gleich vorweg zu nehmen: NEIN, wir haben diese Übung nicht erfunden. Sie wird seit Jahren und Jahrzehnten in vielen Hundeschulen gelehrt und gelernt. Wir haben diese Übung aber in den Klugscheisser Status erhoben, weil sie genial ist: genial einfach und genial hilfreich.

Leckerer Einstieg

Bei dieser Aufgabe geht es darum, dass Ihr Hund, respektive Ihre Hunde lernen, auf Kommando Ihre Handaußenseite zu berühren. Das Kommando kann lauten, wie Sie wünschen: Touch, Stups, Marmelade oder Tock Tock! Am einfachsten üben Sie das zunächst in reizarmer Umgebung, zum Beispiel bei Ihnen zu Hause. Außer, Sie wohnen in einer Studenten-WG. Dann ist es auf der Straße vielleicht doch ruhiger. Legen Sie sich genügend Leckerli bereit, setzen Sie Ihren Hund ab, und hocken Sie sich vor ihn. Nun nehmen Sie einen der Leckerbissen und stecken ihn zwischen Daumen und Handflächeninnenseite fest. Dann halten Sie die Handaußenseite derselben Hand Ihrem Hund einige Zentimeter vor die Nase. Er wird versuchen, an das feststeckende Leckerli zu kommen. Sagen Sie nichts, und schauen Sie gespannt zu, was Ihrem Hund dafür alles einfällt. Egal, was er macht, bringen Sie Ihre Handaußenseite immer wieder einige Zentimeter vor die Hundenase. Wenn Ihr Vierbeiner ihre Hand berührt, haben Sie genau ein bis zwei Sekunden Zeit, ihn dafür zu loben und das Leckerli zu reichen, denn genau das soll er tun.

Üben, üben, üben

Das üben Sie so lange, bis Sie ganz sicher sind, dass Ihr Hund das Berühren der Handaußenseite mit der Belohnung verknüpft hat. Überprüfen Sie das, indem Sie Ihre Hand immer wieder woanders hinhalten, zum Beispiel ein paar Schritte weit weg, in einen Meter Höhe oder ganz dicht über den Boden. Wenn das in neun von zehn Fällen klappt, dann setzen Sie den gewünschten Lautbefehl. Das heißt, immer wenn Sie die Hand hinhalten, nennen Sie dazu den Namen der Übung – zum Beispiel

Tock! Tock!. Lassen Sie im Laufe der Übung das Festklemmen des Leckerlis weg und halten Ihrem Hund nur die leere Hand mit der Außenseite hin und belohnen ihn dafür nur noch hin und wieder mit einem Schmaus.
Datt lüppt? Gut! Nun können Sie das auch in einer Umgebung üben, die für Ihren Hund mehr Reize bereit hält als das heimische Wohnzimmer. Fangen Sie erst einmal klein an, und erhöhen Sie langsam die äußeren Reize. Die Leckerligabe können Sie dabei sukzessive reduzieren, denn Tock! Tock! soll (wie alles andere auch) auch dann funktionieren, wenn Sie kein Hühnchen in der Tasche haben.

Gute Ablenkung

Diese Übung wird Ihnen in Zukunft helfen, Ihren Hund an fremden Hunden, Joggern und Radfahrern vorbeizuführen. Darüber hinaus können ängstliche Hunde per Tock! Tock! an »gefährlichen« Stellen wie Brücken, flatternden Tüten oder Baustellen sehr gut abgelenkt werden. Probieren Sie es aus. Oder nutzen Sie Tock! Tock! einfach beim Spaziergang im Wald. Setzen Sie Ihren Hund ab, und gehen Sie weiter. Nach 20, 50 oder 100 Metern geben Sie ihm den Befehl Tock! Tock! und schon startet er zu Ihnen durch! Mehrhundehalter rufen Ihre Hunde getrennt per Tock! Tock! zu sich und Paare oder Freunde lassen den Vierbeiner mit Tock! Tock! zwischen sich hin und her flitzen, hüpfen oder kriechen. Genial.

Kombinieren Sie diese Übung auch mit sämtlichen anderen Übungen in diesem Hundebuch. Ihrer Phantasie sind dabei keine Grenzen gesetzt. Viel Spaß beim Klugscheissern!

2Pac

Spannendes für einen Menschen mit einem Hund – oder umgekehrt

STREET AGILITY

Diese Übung startet mit einem Blick aus Ihrem Fenster. Schauen Sie sich die Straße vor Ihrem Haus an. Da wird doch sicher etwas stehen, das sich als Agility-Gerät nutzen lässt – eine Mauer, ein Geländer, eine Bank.

Ruhig sitzen

Sobald sich das Passende gefunden hat, bringen Sie Ihren Hund auf der einen Seite ins Sitz. Sollten Sie einen ungeduldigen Vertreter der Fraktion Canis Ihr Eigen nennen, lassen Sie ihn ruhig erst einmal sitzen bleiben, das Warten aushalten, ohne dass irgendetwas passiert. Macht er Anstalten, sich zu erheben, stoppen Sie ihn, wie im Kapitel »Körpersprache« beschrieben. Dazu brauchen Sie weder Worte noch Geräusche; Ihre körperliche Präsenz sollte ausreichen. Sollte er zwischendurch dennoch aufstehen, bringen Sie ihn ruhig und emotionslos wieder exakt zu der Stelle zurück, wo er vorher saß, und bauen Sie die Übung von vorne auf.

Einladen

Wenn Sie und Ihr Hund so weit sind, dann laden Sie ihn ein, auf Ihre Seite zu wechseln. Dazu verlagern Sie Ihr Gewicht nach hinten, weg vom Hund und machen sich, wenn nötig, klein. Sie schauen Ihrem Hund nun nicht mehr in die Augen und locken ihn mit einer Hand zu sich. Zur Unterstützung können Sie gerne seinen Namen rufen. Mit der lockenden Hand zeigen Sie Ihrem Vierbeiner ganz genau, welchen Durchgang er nutzen soll. Dazu sollten Sie bei den ersten Versuchen nicht sehr weit weg von dem Geländer stehen. Später lässt sich der Abstand vergrößern und die Körpersprache verfeinern, das heißt auf ein Minimum reduzieren. Belohnen Sie Ihren Vierbeiner mit Streicheleinheiten, Leckerli oder einfach nur Stimme.

Augen auf beim Gassigang

Und von nun an wird jede Bank, die Ihren Weg kreuzt, eine willkommen Herausforderung für Sie und Ihren Begleiter auf vier Pfoten sein. Bitte nicht üben, wenn jemand drauf sitzt. ☺

EIN
PAR
KEN

Diese Übung ist sehr nützlich, wenn es in Bus, Bahn oder im Fahrstuhl mal enger wird. Das Gedränge zwischen fremden Menschen kann einen Hund schnell verunsichern. Dann ist es gut wenn Sie ihm eine vertraute Stelle anbieten können, die ihn schützt.

Ausgangsposition

Lassen Sie Ihren Hund vor sich sitzen oder stehen und warten Sie, bis Sie seine Aufmerksamkeit bekommen. Sprechen oder tippen Sie ihn dazu auch ruhig an, wenn es nötig ist. Wenn auch das nichts bringt, dann überprüfen Sie die Umgebung, ob es nicht zu viel Ablenkung gibt, und im Zweifelsfall beginnen Sie das Training lieber an einem anderen, ruhigeren Ort, denn Lernen erfordert Aufmerksamkeit.

Mit der Hand führen

Nehmen Sie dann ein Leckerli (oder etwas anderes Begehrenswertes für Ihren Hund) in die Hand und führen ihn hinter Ihrem Körper herum durch die Beine. Halten Sie dazu anfänglich die Hand tatsächlich direkt vor die Nase des Hundes und »ziehen« Sie ihn damit um sich herum. Dieses Führen mit der Hand wird uns auch noch in viele anderen Übungen begegnen.

Am Ende sitzen

Wenn er genau unter Ihnen angekommen ist, ziehen Sie die führende Hand langsam an Ihrer Brust nach oben, bis Ihr Hund sich hinsetzen muss. In diesem Moment freuen Sie sich und geben ihm das Leckerchen und das Kommando (z.B. »Einparken«). Wenn das Führen mit der Hand gut klappt, dann nehmen Sie kein Leckerchen mehr in die Führhand, sondern geben das Leckerchen am Ende der Übung aus der anderen Hand. Das Kommando geben Sie immer früher. Damit erreichen Sie, dass Ihr Hund bei dem Kommando schon eine Idee hat, was nun passieren soll und verstanden hat, dass Ihre Führhand zur Lösung führt, auch wenn sie nichts Fressbares hält.

KS-Tipp:

Manchen Hunden fällt es schwer, sich unter einen Menschen zu begeben. Lassen Sie sich also Zeit für diesen Ablauf und bauen Sie keinen Druck auf. Das würde die Unsicherheit nur vergrößern. Belohnen Sie in diesem Fall schon die Annäherung an die Parkposition, aber bei jeder Wiederholung etwas später, so dass Ihr Vierbeiner sich langsam an die gewünschte Position heran tasten kann.

SEEMANNSKNOTEN

Mit dieser Übung entwirren Sie Knoten und Sie sorgen für Bewegung, wo auch immer Sie gerade gehen oder stehen.

Wendepunkt

Suchen Sie sich für diese Übung einen geeigneten Wendepunkt. Dafür können Sie einen Straßenpoller, eine Laterne oder einen schlanken Baum benutzen. Stellen Sie sich mit Ihrem Hund nun vor das Objekt Ihrer Wahl, einer rechts und einer links davon, so dass die Leine um den Poller hängt. Laden Sie Ihren Hund nun zu sich ein und helfen Sie ihm mit der Leine, den Poller auf der richtigen Seite zu passieren.

Ankommen

In dem Moment, wo er sich direkt neben dem Poller befindet, sprechen Sie ein Kommando (z.B. »Rum«). Lassen Sie die Leine locker, aber unterstützen Sie, wenn nötig. Ziehen Sie so wenig möglich, damit Ihr Hund selbst probieren und den richtigen Weg herausfinden kann. Je weniger Sie führen, um so selbständiger kann er lernen. Wenn Ihr Hund bei Ihnen ankommt, vergessen Sie bitte nicht, sich zu freuen und ihn ausgiebig zu loben.

Rum

Zu Beginn steht der Poller tatsächlich direkt zwischen Ihnen, und der Hund muss sich mit Ihrer Hilfe »nur« für die richtige Seite entscheiden. Dann gehen Sie zu Beginn der Übung immer weiter einen Schritt zur Seite, so dass der richtige Weg um den Poller immer länger und die Versuchung, den direkten Weg zu gehen, immer größer wird. Gehen Sie dabei in kleinen Schritten vor, bis Sie irgendwann gemeinsam nebeneinander vor dem Poller stehen, die Leine immer noch als Hilfe um den Poller. Das Kommando (»Rum«) geben Sie im Verlauf des Trainings dieser Übung immer früher, dabei weisen oder blicken Sie aber auf die Wendemarke, um die er laufen soll - das ist sehr wichtig. Wenn Sie dann soweit sind, dass Sie Ihren Hund ohne Leine mit dem Kommando und einem Blick um die gewünschte Wendemarke schicken können, steht ihnen eine geniale Übung mit viel Spaß und Bewegung zur Verfügung.

KS-Tipp:

Achten Sie bei dieser Übung ganz besonders auf die Umgebung (andere Hunde, Jogger, Radfahrer), da Sie Ihren Hund ja zuerst von sich weg und damit aus Ihrem Einflussbereich schicken. Auch eine Wendemarke, die allzu gern von anderen Rüden markiert wird, kann sich als echter Trainingskiller erweisen. Also am besten vorher selbst mal dran riechen.

STRASSEN SCHMAUS

Bei dieser Übung lernt Ihr Hund mit Ihnen zusammenzuarbeiten. Sie brauchen dazu ein Leckerli oder etwas anderes, was Ihr Hund gerne nimmt.

Der Köder

Legen Sie das Leckerli zwischen sich und den Hund auf den Boden. Am Anfang ist es sinnvoll, wenn er sich vorher setzt, damit er den Beginn einer Übung erkennt. Später können Sie das dann auch einfach aus dem Geschehen heraus tun. Stellen Sie gleich einen Fuß auf das Leckerli, damit er es sich nicht einfach schnappen kann. Sonst würde er nur lernen, schneller als Sie zu sein. Heben Sie langsam den Fuß vom Leckerli. Versuchen Sie, nur mit Ihrer ruhigen Anwesenheit das Leckerli für sich zu beanspruchen. Stellen Sie sich einen großen, souveränen Hund vor, der über seinem Knochen steht und keinen Zweifel daran lässt, wem dieser Knochen gehört – ruhig, aber eindeutig.
Perfekt wird es, wenn Ihr Hund zu Ihnen und nicht zum Leckerli schaut – auch wenn es erstmal nur ein kurzer Blick ist. Dann beginnt er zu verstehen, dass Sie gerade die Entscheidung treffen.

Mein oder nicht Mein?

Nun laden Sie den Hund ein, ihnen zu folgen – vom Leckerli weg natürlich (siehe auch Kapitel Körpersprache). Legen Sie sich ruhig ins Zeug, denn es ist normal, dass Hunde ein Leckerli sehr spannend finden. Die Entfernung zum Leckerbissen steigert sich von anfangs wenigen Zentimetern auf später einige Meter. Freuen Sie sich bei den ersten Versuchen über jeden noch so kleinen Schritt vom Leckerli weg. Aber seien Sie wachsam! Noch ist es Ihr Leckerli, das Sie notfalls auch verteidigen müssen, indem Sie schnell genug den Fuß wieder drauf stellen.

Kooperation lohnt sich

Bleiben Sie dann betont deutlich stehen und stellen Sie möglichst noch einmal Blickkontakt her. Erst dann loben Sie Ihren Hund und geben mit einer klaren Geste den Weg zum Leckerli frei. Falls er sich nicht traut oder nicht reagiert, führen Sie ihn hin. Es ist am Anfang sehr wichtig, dass die Zusammenarbeit sich auch lohnt. Fortgeschrittene müssen dann das Leckerli auch mal liegen lassen und werden stattdessen aus der Hand oder gar nicht belohnt. Denn das kann auch im Alltag sehr wichtig werden, wenn etwas Gefährliches auf der Straße liegt. Aber nicht vergessen, immer wieder die ursprüngliche Übung zu trainieren. Durch die Abwechslung bleibt die Übung spannend!

WÜRSTCHENBUDE

Bei dieser Übung geht es tatsächlich um die Wurst. Es geht um eine der stärksten Motivationen im Leben eines Hundes: Futter. Es ist sehr nützlich, wenn Ihr Hund auch unter dem Einfluss von Futter noch auf Sie hört, denn manchmal gehört die Wurst jemand anderem oder wird von der Hand eines kleinen Kindes gehalten.

Die große Versuchung

Lassen Sie Ihren Hund vor sich sitzen. Holen Sie dann Ihren Leckerbissen vor und präsentieren Sie ihn in sicherer Entfernung. Sobald Ihr Hund seine Position verlassen will, verstecken Sie das Futter hinter ihren Rücken und stoppen ihn. Wenn es schon an dieser Stelle nicht richtig klappt, dann reduzieren Sie die Schwierigkeit, indem Sie langweiligeres Futter nehmen. Beginnen Sie also nicht gleich in der Meisterklasse mit Wurst oder Pansen, sondern tasten Sie sich mit weniger interessantem Futter heran. Diese Erkenntnis ist auch für Sie selbst ganz wichtig, denn beim Thema Futter wundern sich viele über das Abhandenkommen der sonst so guten Erziehung Ihres Hundes.

Belohnung durch Zurückhaltung

Wenn es ihnen gelingt, dass Ihrem Vierbeiner sichtlich das Wasser im Maule zusammen läuft und er trotzdem nicht an die Wurst geht, sind Sie auf dem richtigen Weg. Schließlich halten Sie Ihrem sitzenden Hund die Wurst direkt über den Kopf und lassen ihn Platz machen. Das fällt ihm besonders schwer, weil er sich dazu weg von der Wurst in eine Ruhepositon begeben muss. Am Ende gibt es dann natürlich eine Belohnung. Das sollte aber nicht immer die Wurst sein, um die es gerade ging. Das kann auch eine andere Belohnung aus der Jackentasche sein. Üben Sie ebenso den Fall, dass er gar keine Belohnung bekommt, denn im Alltag gibt es Situationen, in denen die Wurst eines anderen Menschen leider ersatzlos gestrichen werden muss. Wie gut, wenn man das gelernt hat.

Miteinander kommunizieren

Im Gegensatz zu einigen anderen Übungen aus diesem Buch, bei denen ein vertrauter Ablauf und eine gewisse Routine durchaus erwünscht sind, geht es hier eher um das Gegenteil. Achten Sie darauf, immer wieder kleinere Veränderungen einzubauen, die Ihren Hund dazu bringen, Sie zu beobachten. Einfach ausgedrückt: wenn er sich schon hinlegt, bevor Sie Platz sagen, denn hat das nichts mehr mit Kommunikation zu tun. Ihr Hund hat dann einen starren Ablauf gelernt und achtet nicht wirklich auf Sie. Wenn er sich unaufgefordert hinlegt, nehmen Sie die Wurst wieder weg.

FUNDBÜR

O

Die Nase des Hundes ist ein faszinierendes Sinnesorgan. So wie wir Menschen morgens die Zeitung lesen, erschnüffelt unser bester Freund die neuesten Nachrichten auf dem Großstadt-Asphalt. Deswegen wird er diese Übung lieben.

Erst mal gucken

Legen Sie einen Gegenstand vor den Augen Ihres Hundes auf den Boden und platzieren Sie ein Leckerli darauf. Gehen Sie dann zu ihm und schicken Sie ihn zu dem Gegenstand, wo er dann das Leckerli nehmen darf. Verwenden Sie dabei ein festes Kommando (»Such«) oder eine feste Geste. Im nächsten Schritt gehen Sie mit Ihrem Hund erst ein paar Schritte von dem Gegenstand weg, bevor Sie gemeinsam stehen bleiben und ihn losschicken.

Dann riechen

Nun bauen Sie auf dem Weg vom Gegenstand langsam aber sicher immer häufiger Abbiegungen ein, die verhindern, dass Ihr Hund den Gegenstand sehen kann, wenn Sie ihn losschicken. Anfänglich verfolgt er den Weg noch aus dem Gedächtnis zurück, weil er Sie beim Ablegen des Gegenstands beobachten durfte. Dabei bewegt er sich aber überwiegend auf der Geruchsspur, die Sie beide gerade hinterlassen haben. Wenn Sie die Entfernung zum Gegenstand und die Schwierigkeit des Streckenverlaufs langsam steigern, beginnt Ihr Hund ganz automatisch, der Geruchsspur zu folgen, wenn seine Erinnerung nicht mehr ausreicht.

Dann suchen

Lassen Sie ihm dabei Zeit und wundern Sie sich nicht, wenn er mal etwas vom gelaufenen Weg abweicht, denn Ihre Geruchsspur kann durch den Wind seitlich verweht sein. Beobachten Sie Ihren Hund aufmerksam. Wenn er immer mehr mit der Nase am Boden sucht als mit den Augen, dann sind Sie auf dem richtigen Weg. Im letzten Schritt lassen Sie Ihre Spürnase dann nicht mehr zusehen, wenn Sie den Gegenstand ablegen, sondern »verlieren« ihn. Beginnen Sie auch diesen neuen Schritt zunächst auf kurze Entfernungen und steigern Sie dann wieder langsam.

KS-Tipp:

Die Nasenarbeit der Hunde ist ein faszinierendes Thema, das aber auch von vielen Rahmenbedingungen abhängt. Wind, Temperatur und Feuchtigkeit spielen eine Rolle, wie gut und ab wann eine Geruchsspur für den Hund wahrnehmbar ist. Wenn Ihr Hund an einer Stelle nicht weiterkommt, dann bewegen Sie sich ganz langsam auf der richtigen Spur. Vermitteln Sie dabei den Eindruck, als würden Sie selbst auch suchen, um Ihren Hund zu animieren. Wenn er den Eindruck hat, dass Sie den Weg kennen, ist die Gefahr groß, dass er die selbständige Suche abbricht.

Kapitel 1

Spannendes für einen Menschen mit einem Hund – oder umgekehrt

Spannendes für einen Menschen mit zwei oder mehr Hunden

VERKEHRKREIS

Sie sind Mehrhundehalter, Dogwalker oder haben einen Hund von Freunden in Pflege, während diese sich in der spanischen Sonne aalen? Dann wissen Sie, wie wichtig es ist, dass Ihr kleines Rudel »funktioniert«. Die erste Aufgabe in diesem Kapitel fördert nicht nur die Kommunikation zwischen Ihnen und den Vierbeinern, sondern sie sorgt auch für Harmonie unter den Hunden.

Ruhiges Rudel

Zunächst bringen Sie Ruhe in Ihr Rudel und setzen die Hunde in ausreichendem Abstand nebeneinander ab. Liegen geht natürlich auch. Schauen Sie den Hunden, wenn sie sitzen, nicht mehr direkt in die Augen, was diese als Aufforderung ansehen könnten, wieder aufzustehen. Sorgen Sie ggf. körpersprachlich dafür, dass sie da bleiben, wo Sie sie platziert haben – Stichwort »Stoppen«.
Stellen Sie sich dorthin, wo Sie sowohl den wartenden Hund stoppen, als auch den aktiven Hund den Weg weisen können. Wie auf dem ersten Bild zu sehen, ist seitlich neben dem wartenden Hund, in unserem Fall die blonde Molly in der Mitte, ein guter Platz.

Body Talk

Nun laden Sie einen Vierbeiner körpersprachlich oder auch mit seinem Namen, in unserem Beispiel ist das Emma, ein, aufzustehen und zu Ihnen zu kommen. Ihre Arme und Ihr Körper sind seine Wegweiser, mit denen Sie ihm zeigen, wo Sie ihn hinhaben möchten. Schauen Sie den Hund nicht an, sondern schauen Sie auf den Weg, den er gehen soll.
Anfangs werden Sie dem aktiven Hund den Weg sehr deutlich zeigen müssen und vielleicht den passiven, sitzenden Hund(en) mehrfach korrigieren dürfen, bis es klappt. Überlegen Sie sich aber ruhig schon einen Lautbefehl für diese Übung, die bald auch aus der Entfernung funktioniert. Befehle könnten sein: »Rum«, »Wodka«, »Außen« oder »Kreis«. Wahre Klugscheisser machen von Anfang den

Unterschied zwischen »rechts herum« und »links herum«, was sich in Zukunft extrem auf das Angeberpotential dieser Aufgabe auswirken kann.

Jeder kommt dran

Wenn Emma die Molly oder Fiffi den Bello umrundet hat, wird sie auf der anderen Seite abgesetzt. Als nächstes darf der Hund, der bis eben brav gesessen hat, nun seinerseits seinen Hundekumpel umrunden. Die Aufgabe für die Hunde ist also nicht nur, auf Anweisung um einen anderen Vierbeiner herumzulaufen, sondern auch das Rumlaufen um sich selber auszuhalten. Und das kann für einen quirligen Hund eine große Herausforderung sein. Viel Spaß!

FUSSBALL

Diese Übung erweist sich als extrem praktisch und alltagstauglich, für diejenigen, die in urbaner Umgebung wohnen und/ oder hin und wieder mit den öffentlichen Verkehrsmitteln unterwegs sind.

Vorbereitung zum 1. Tor

Das erste Tor wird geschossen, indem Sie aus Ihren gegrätschten Beinen Torpfosten machen und Ihren Hunden abwechselnd und getrennt voneinander beibringen, dazwischen zu sitzen (siehe entsprechende Übung 1. Kapitel). Sie führen Ihren Vierbeiner hinter sich herum und locken ihn von hinten zwischen Ihre Beine. Wenn Hand und Stimme nicht ausreichen, kann hier auch ein Leckerli als Argument helfen.

1:0

Zwischen den Beinen angekommen, fordern Sie Ihren Hund dann zum Sitzen auf. Üben Sie das mit jedem Hund getrennt und immer wieder, bis das auch ohne Führhand und ausschließlich auf Lautbefehl klappt. Dieser könnte »Tor« lauten oder auch »Parken«.

1:1

Teil Zwei der Aufgabe ist das Gegentor. Dieses wird im Prinzip ganz ähnlich aufgebaut. Sie führen den nächsten Hund hinter sich herum, bis er ihnen gegenüber steht. Dort stoppen Sie ihn und lassen ihn absitzen. Ein Klugscheisser könnte an dieser Stelle fragen, warum der Hund hinter dem Halter herumgeführt werden soll, wenn doch der Weg von links direkt nach vorne kürzer ist. Das ist sicherlich richtig, macht die Aufgabe aber nicht spannender.
Wenn der Vierbeiner begriffen hat, was Sie von ihm möchten und das Führen mit der Hand reduziert werden kann, dann setzen Sie auch hier wieder einen Lautbefehl. »Um mich rum«, »nach vorne« oder »Gegentor«.

KS-Tipp:

Ihre Hunde sind nun Meister im Tore schießen und Gegentore verwandeln, so dass sie beide Aufgabenteile zusammensetzen können. Zuerst wird mit Hund Nr. 1 das Tor geschossen, und er setzt sich zwischen Ihren Beinen ab. Danach kommt das Gegentor, indem Hund Nr. 2 um Sie herum läuft und sich Ihnen und Hund Nr. 1 gegenüber setzt. Unsere Models Gismo und Molly zeigen im großen Bild, dass sie echte Klugscheisser sind. Gismo setzt sich nicht, sondern lehnt sich lasziv gegen Molly. Wenn das keinen Applaus gibt in der U-Bahn.

SCHLEUSEN WÄRTER

Vielleicht ist Ihnen diese Aufgabe schon einmal zufällig geglückt, als sich Ihr kleiner Hund im Eifer des Gefechts durch die Beine des Größeren gemogelt hat. Das soll er in Zukunft aber auf Ihren Wunsch hin tun. Das trägt wesentlich zur Verträglichkeit Ihrer Hunde untereinander bei.

Einer steht, einer sitzt

Schauen Sie sich mal die Übung »Street Agility« im ersten Kapitel an. Sie sollten, bevor es an die Schleuse geht, Ihren Hunden getrennt beibringen, unter Objekten durchzulaufen oder zu kriechen. Das verschafft ihnen bei diesem Übungsaufbau einen enormen Vorteil, denn hier geht es darum, dass ein Hund unter dem anderen durchkrabbelt.
Bringen Sie Ihren größeren Hund stehend vor sich und vergewissern Sie sich seiner Aufmerksamkeit. Bei manch einem Hund dürfte hier die größte Herausforderung sein, ihn vom Sitzen abzuhalten. So ging das auch Tamara im Bild mit Ihrem Huskymix Trixie. Leckerli und hinhocken haben hier geholfen.

Nähe aushalten

Locken Sie nun den kleineren Hund immer näher an den großen, stehenden Hund heran, bis seine Schnauze unter dem Bauch angekommen ist. Wenn beide Vierbeiner das brav mitmachen, bekommen beide Lob oder Leckerli oder beides.
Das wird nun Schritt für Schritt so lange geübt, bis Sie das Gefühl haben, dass alle acht Pfoten entspannt sind und gelernt haben, worauf es Ihnen ankommt.

Unten durch

Dann machen Sie den nächsten Schritt. Der kleine Hund wird unter dem Bauch des großen Hundes durchgeführt. Je öfter Sie das mit Ihren Hunden machen, umso weniger Einfluss müssen Sie auf den Übungsaufbau nehmen. Wenn es von der Größe der Hunde her passt, dann sollten die Positionen »stehender Hund« und »geschleuster Hund« durchgewechselt werden. Toi toi toi!

OVER THE TOP

Hunde müssen sich mitunter erst daran gewöhnen, dass Menschen oder gar andere Hunde über Sie hinüber steigen. Das gemütlich zu ertragen, lernt Ihr Hund bei dieser Aufgabe. Die Früchte Ihrer Arbeit genießen Sie, wenn Sie Ihre Vierbeiner zum Beispiel beim Einkaufen ablegen oder es im Bus mal voller wird.

Vom Popo aufwärts

Fangen Sie – wie immer – in kleinen Schritten an. Ein Hund wird abgesetzt und ein weiterer davor abgelegt. Manche Hunde wollen partout nicht liegen bleiben, was nicht selten mit dem Untergrund zu tun hat. Auf Rasen liegt es sich im Sonnenschein nun einmal besser, als bei Regen auf Asphalt. Fangen Sie an, über Ihren Hund hinüber zu steigen, wie das auf dem großen Foto Robert bei seiner Hündin Kira macht. Starten Sie langsam von hinten nach vorne. Machen Sie anfangs nur einen kleinen Schritt über seinen Hundepopo, und steigern Sie sich langsam auf die Mitte des Hundes zu. Wenn Ihr Hund das stressfrei erträgt, dann bleiben Sie auch mal ruhig ein paar Sekunden breitbeinig über ihm stehen. Wechseln Sie die Hunde aus und üben das nach und nach mit Ihrem kompletten Rudel. Als nächstes locken Sie einen Hund über den anderen.

Hund über Hund

Auch hier können Sie sich wieder von hinten nach vorne vorarbeiten und den zu führenden Hund anfangs über die Leine sichern. Auch das sollte wechselseitig funktionieren, so dass jeder Hund mal liegt und mal läuft. Überlegen Sie sich einen entsprechenden Lautbefehl inklusive Handzeichen für diese Aufgabe, denn im weiteren Verlauf sollte das auch ohne Leine und aus der Entfernung klappen. »Hopp«, »Rüber« oder »Top« bieten sich hier an.

Aus der Ferne

Die Probe auf Exempel findet statt, wenn Sie die Übung aus der Entfernung leiten. Zum Aufbau ist es sinnvoll, wenn ein Hund sitzt und ein Hund liegt. Sie stehen auf der Seite des liegenden Hundes und laden den sitzenden Hund ein, per Schritt oder Sprung über seinen Kumpel auf Ihre Seite zu wechseln. Wenn das klappt, tauschen die Hunde Ihre Position.

KS-Tipp:

Wahre Klugscheisser perfektionieren die Aufgabe, indem sie den zu uberquerenden Hund nicht ablegen, sondern stehen lassen. Der zweite Hund überturnt ihn mit einem todesmutigen Sprung. Das ist echtes Vertrauen.

A P P E L L

Bei dieser Aufgabe wird es richtig interessant für alle Beteiligten. Hier wird mit den Hunden auf Distanz gearbeitet. Und das geht ausschließlich über Stimme und Körpersprache.

Entspannung

Sie haben sicher schon einmal Gruppenfotos von Ihrem Rudel gemacht: alle brav nebeneinander gesetzt und auf den Auslöser gedrückt? Tun wir mal so, als wäre das die erste Aufgabe. Arrangieren Sie Ihr Rudel in einer Reihe, Hund neben Hund, sitzend oder liegend. Entfernen Sie sich nun einige Schritte vom Rudel. Sollte ein Vierbeiner Ihnen folgen wollen, korrigieren Sie ihn. Anfangs entfernen Sie sich nur wenige Meter und, wenn es gar nicht anders geht, gehen Sie rückwärts.

Feine Kommandos

Aus der Distanz holen Sie nun einen der Hunde zu sich. Am besten geht das per Ruf mit dem Hundenamen und körperlicher Einladung. In unserem Fall darf Jette als Erste aufstehen, da sie sich als ruhigste Hündin beim Warten gezeigt hat. Die anderen Schnauzen bleiben liegen und werden bei Bedarf von Ihnen gestoppt.

Angekommen

Jette wird, kaum ist sie bei Helge, gelobt und abgelegt. Das Loben könnte die noch wartenden Hunde animieren, auch zu Ihnen zu laufen. Lassen Sie Ihr Rudel also nicht aus den Augen. Impulskontrolle ist das, was die Hunde hier lernen. Wenn ein Hund aufsteht und Sie ihn nicht mehr stoppen konnten, dann bringen Sie ihn ganz ruhig und ohne Worte auf seinen Platz zurück. Es versteht sich von selbst, dass dieser Hund nicht als Nächstes gerufen wird, wenn noch mehr Auswahl an Fellnasen da ist.
Die Übung endet, wenn alle Hunde nach und nach bei Ihnen angekommen sind.

KS-Tipp:

Diese Übung ist nicht ohne, aber irgendwann werden Ihre Fellnasen das drauf haben. Dann können Sie, um die Aufgabe schwerer zu machen, die Distanz zu den Hunden vergrößern und die Wartezeiten verlängern. Außerdem können Sie den ankommenden Hund richtig »feiern«, so dass der Reiz für die noch wartenden Hunde größer wird, auch loszulaufen. Und wenn das alles rund läuft, dann versuchen Sie doch mal, den Hund, den Sie gerade zu sich gerufen haben, auf halber Strecke noch einmal körpersprachlich zu stoppen und auf die Distanz abzusetzen.

TISCHLEIN DECK DICH

Kennen Sie Impulskontrolle? Das ist die Schwester von Frustrationstoleranz. Um beide kümmern wir uns in dieser Aufgabe. Dabei lernen Ihre Hunde, Reizen so lange zu widerstehen, wie Sie es wünschen. Eine große Herausforderung. Packen wir's an!

Fingerspitzengefühl

Ein guter Rat ist, grundsätzlich nur dann mit dem Hund zu arbeiten, wenn Sie selber entspannt und überzeugt sind, dass es funktioniert. Sind Sie gestresst oder mit Ihren Gedanken woanders, dann verlegen Sie das Üben auf einen anderen Tag.
Starten Sie, indem Sie Ihre Hunde nebeneinander setzen. Platzieren Sie vor einem Hund außerhalb seiner Reichweite ein Leckerli. Wenn bei Ihnen grundsätzlich nicht vom Boden gegessen wird, dann nutzen Sie als Unterlage zum Beispiel eine Bank oder eine Mauer. Sollten Ihre Hunde Anstalten machen, an die Leckerli zu gehen, halten Sie sie davon ab – Thema Stoppen. Die Intensität richten Sie Ihren Hunden entsprechend aus. Schrauben Sie sie langsam hoch, bis Sie den Punkt erreicht haben, an dem es für Ihre Fellpfoten ausreicht. Das ist von Hund zu Hund unterschiedlich. Gehen Sie anfangs zu stark in die Körpersprache, traut sich Hasso vielleicht im zweiten Schritt gar nicht mehr ans Leckerli oder braust gar in die andere Richtung davon.

1 x Ja, 1 x Nein

Im nächsten Step darf sich einer Ihrer Hunde das Leckerli holen (einladen) und der andere darf noch ein wenig aushalten. Jetzt bewegen wir uns im Bereich der Frustrationstoleranz. Der Hund wird an dieser Stelle nicht für seine Ungeduld belohnt, sondern für seine Ruhe und Gelassenheit. Daher darf sich die Schnauze, die am geduldigsten ausgeharrt hat, das Leckerli holen. Der Zappelphilipp muss noch warten.

Alle satt, alle glücklich

Im letzten Schritt gehen Sie zu dem Hund, der bisher noch leer ausgegangen ist. Belohnen Sie ihn ebenfalls mit einem Leckerli aus der Hand für seine Geduld und seinen Gehorsam. Seine Aufgabe war es, sitzen zu bleiben und zu warten. Und das hat er ja mit Ihrer Hilfe gemacht. Herzlichen Glückwunsch!

KS-Tipp:

Schauen Sie mal auf das große Foto. Bei Magnus und Gioia liegen die Hühnerbissen mitten auf den Pfoten. Wau!

Kapitel 2:

....

....

....

....

....

....

....

....

....

....

....

....

....

....

....

....

....

....

Spannendes für einen Menschen mit zwei oder mehr Hunden

Spannendes für zwei Menschen mit einem Hund

WECH!

Diese Übung macht einfach nur Spaß und kaum ein Spiel dürfte rund um den Globus allen kleinen und großen Kindern so vertraut sein: Wir spielen »Verstecken«!

Verstecken

Die Übung ist fast überall möglich, aber am schönsten ist sie sicher auf einem gemeinsamen Spaziergang. Anfänger sollten ihren Hund zuerst noch sitzen lassen und eine kurze bewusste Pause einlegen, damit er aufmerksam wird. Nun geht Ihr Partner davon, während Sie ihn mit Ihrem Hund dabei aufmerksam beobachten. Falls Ihr Hund sehr aufgeregt auf die Trennung reagiert, lassen Sie Ihren Partner nicht zu weit gehen. Vermeiden Sie es, dass Ihr Hund sich übermäßig aufregt oder wild an der Leine zieht. Beginnen Sie dann lieber mit kleinen Entfernungen, damit er lernen kann, dass es ein Spiel mit Happy End ist. Bei einem eher gelangweilten Hund sorgen Sie für Spannung. Schauen Sie Ihrem Partner angespannt hinterher, machen Sie geheimnisvolle Geräusche, flüstern Sie. Das steckt an und macht auch Ihren Hund neugierig.

Suchen

Wenn Ihr Partner sich versteckt hat, geben Sie Ihrem Hund das Zeichen zum Suchen. Falls er nicht gleich versteht, worum es geht, machen Sie es vor und suchen Ihren Partner. Dabei dürfen Sie ruhig etwas hündisch wirken und auch mal die Nase in den Wind halten oder mit dem Fuß auf dem Boden scharren, als würden Sie eine Spur lesen.

Finden

Wenn Sie Ihren Partner gefunden haben, gibt es natürlich eine Freudenparty und eine ordentliche Belohnung. Am Anfang wird es nötig sein, das Spiel scheibchenweise zu »erklären«: Zuerst geht Ihr Partner nur ein paar Schritte weg und bleibt sichtbar. Wenn das klappt, geht er hinter einen Baum oder um eine Hausecke. Steigern Sie das langsam weiter. Seien Sie geduldig und steigern Sie nicht zu schnell, denn der Erfolg am Ende ist sehr wichtig für Ihren Hund. Irgendwann beginnt Ihr Hund mit der Nase zu suchen. Achten Sie darauf und freuen Sie sich darüber, denn Nasenarbeit ist eine sehr natürliche und spannende Beschäftigung für jeden Hund. Bei den Fortgeschrittenen macht sich der Partner dann heimlich und unbemerkt davon. Dann macht es richtig Spaß. Ganz besonders, wenn Sie auch nicht wissen, wo Ihr Partner sich versteckt hat!

PING

PONG

Ping Pong ist ein Bewegungsspiel und macht deswegen vor allem lauffreudigen Hunden viel Spaß. So ganz nebenbei trainiert es auch die Kommunikation zwischen allen Beteiligten.

Der richtige Abstand

Stellen Sie sich mit Ihrem Partner im Abstand von einigen Metern zueinander auf. Wählen Sie die Entfernung so, dass Sie Ihren Hund möglichst sicher abrufen können. Achten Sie auch auf mögliche Ablenkungen (Bäume mit Rüdenduft, altes Brötchen auf dem Boden, Kaninchen auf der Wiese usw.), an denen Ihr Vierbeiner vielleicht mehr Interesse hat, als an Ihnen. Nun rufen Sie und Ihr Mitspieler immer abwechselnd den Hund zu sich. Dabei lässt sich natürlich wiederum ganz hervorragend mit der Körpersprache spielen. Es ist schon eine anspruchsvollere Übung, die Fellnase ohne Worte und Kommandos hin und her zu rufen.

Ankommen lassen

Aber auch bei dieser Übung gibt es einige Details zu beachten. Es geht auch darum, dass Sie alle in guter Verbindung miteinander stehen. Sie und Ihr Partner müssen sich so abstimmen, dass Sie beide Ihrem Hund klare Signale geben. Wenn Sie beide gleichzeitig einladen, wird der Hund verwirrt und der Spielfluss unterbrochen. Aber auch der Hund soll nicht wie automatisch hin und her laufen. Im Idealfall stimmen Sie sich mit Ihrem Partner so ab, dass Ihr Hund mal direkt am Menschen ankommt und sogar einen Moment bleibt und dann beim nächsten Mal gleich wieder umkehren muss, wenn er gerade angekommen ist. Das macht das Spiel spannend und lebendig und erfordert wirklich gute Kommunikation zwischen Ihnen Dreien.

Auch für den Alltag

Mit dieser Übung lässt sich sehr spielerisch der Rückruf trainieren, der im Alltag jedes Mensch-Hund-Teams besonders wichtig ist. Ihrer Phantasie sind hier keine Grenzen gesetzt, um dieses Spiel für die Herausforderungen des Alltags abzuwandeln. Sie können ein Leckerli in die Mitte legen, dass er nicht fressen darf oder mal einen anderen Hund in die Mitte setzen, an dem er vorbei laufen soll. Wie immer gilt: Erfolg macht stark. Steigern Sie die Schwierigkeit in kleinen Schritten. Wenn Sie eine neue Ablenkung auf dem Weg platzieren, verringern Sie zuerst den Abstand zu Ihrem Partner deutlich, bis Ihrem Hund klar ist, dass er die Ablenkung ignorieren soll. Erst dann den Abstand wieder langsam vergrößern.

AUSSEN

RUM 2.0

Diese Übung hat Ähnlichkeit mit Übung 1.3 »Seemannsknoten« und enthält auch Elemente von Übung 3.2 »Ping Pong«. Aber dennoch gibt es einige wichtige und spannende Unterschiede.

An der Leine

Sie und Ihr Partner stehen sich zunächst gegenüber, der Hund ist bei Ihnen. Bringen Sie Ihrem Hund mit wenig Abstand bei, wie er »Außen rum« gehen soll. Führen Sie dazu den Vierbeiner mit der Leine und zu Beginn auch gern mit einem Leckerchen um Ihren Partner.

Erst die Arbeit

Die Belohnung gibt es aber erst am Ende des Weges um den Partner. Nachdem Sie anfänglich das Kommando »Rum« genau am Wendepunkt geben, sprechen Sie es mit jeder Wiederholung früher aus, so dass Ihr Hund immer früher weiß, was nun passieren soll, um die Belohnung zu bekommen. Wenn es klappt, dass Ihr Hund auf kurze Entfernung selbständig um Ihren Partner läuft, können Sie langsam die Distanz vergrößern.

Immer weiter

Dabei kann Sie Ihr Partner nun tatkräftig unterstützen, indem er den Hund einlädt, wenn nötig um sich herum führt, woraufhin Sie mit Ihrer Einladung die Übung dann zu Ende führen können. Deswegen ist diese Übung mit zwei Menschen auch viel lebendiger und abwechslungsreicher. Für Fortgeschrittene gibt es dann viele Möglichkeiten, diese Übung auszubauen. So kann sich Ihr Partner während der Übung bewegen oder mit einer Hand die Seite anzeigen, an der Ihr Hund die Umrundung starten soll.

SAUBERE WAESCHE

Bei dieser Übung geht es um eine ganz alltägliche Situation, die aber sehr wichtig ist: Zwei Menschen schenken sich bei einer Begrüßung gegenseitig Freude und Aufmerksamkeit.

Mein Hund und die weiße Hose

Das allein ist ja nichts Außergewöhnliches, aber wenn ein Hund dabei ist, ist es völlig normal, wenn er sich dadurch auch angesprochen fühlt und seine Freude darüber ebenfalls zum Ausdruck bringt. Das kann je nach Größe und Temperament des Hundes mehr oder weniger erwünscht sein. Deshalb geht es bei dieser Übung darum, Ihren Hund mit dieser Situation vertraut zu machen.

Bin ich gemeint?

Legen Sie Ihren Hund am besten ab (Platz) und stellen Sie sich neben ihn. Nun gehen Sie zu Ihrem Partner, um ihn freudig zu begrüßen. Beachten Sie Ihren Hund dabei möglichst wenig. Nur wenn er aufstehen will, weisen Sie ihn auf seinen Platz zurück. Danach setzen Sie die Begrüßung fort. Wenn das am Anfang schon zu schwierig ist, machen Sie Ihren Vierbeiner mit der Leine fest und begrüßen Ihren Partner zunächst außerhalb seiner Reichweite. Wenn er sich ruhig verhält, gehen Sie zu ihm und belohnen das. Die Nachricht lautet: Wenn Du Dich ruhig verhältst, wirst Du beachtet.

Begrüßungen sind vielfältig

Diese Übung ist so flexibel, wie die Begrüßungen der Menschen. Vom ruhigen Händedruck bis zur überschwänglichen Italienischen Umarmung mit passender Geräuschkulisse sind hier alle Schwierigkeitsgrade möglich. Sitzt Ihr Hund bei der Begrüßung hinter Ihnen, liegt er seitlich oder sogar zwischen Ihnen, wenn Sie Ihren Partner herzen. All das hat großen Einfluss darauf, ob und wie Ihr Vierbeiner sich angesprochen fühlt. Je aufgeregter die Begrüßung, umso schwerer ist es für den Hund. Üben Sie ruhig auch mal eine echte Freudensituation mit Hüpfen und Springen, so als hätte Ihr Partner gerade einen Sechser im Lotto gewonnen. Aber wie immer gilt: Steigern Sie die Schwierigkeit langsam und vermeiden Sie anfängliche Hektik.

A SK ESE

Hier geht es wieder um Kooperation – weil das so wichtig für die Beziehung zwischen Hund und Mensch ist.

Leckeres Angebot

Ihr Hund ist bei Ihnen und Ihr Partner hält eine leckere Belohnung bereit. Nun bietet Ihr Partner die Belohnung auf der offenen Hand an. Wenn Ihr Hund an die Belohnung will, schließt Ihr Partner die Hand. Sprechen Sie Ihren Hund nun an oder laden Sie ihn einfach ohne Worte körpersprachlich zu sich ein.

Problem und Lösung

Wenn er sich – verständlicherweise – nicht so recht vom Leckerchen trennen kann, sprechen oder tippen Sie ihn ruhig mal an, um auf sich aufmerksam zu machen. Seien Sie am Anfang großzügig, und geben Sie das Leckerchen frei, sobald Ihr Hund Ihnen einen Blick geschenkt oder den Kopf gedreht hat. Er muss erst verstehen, dass der Kontakt zu Ihnen die Lösung des Problems bringt.

Abwechslung

Später fordern Sie dann schon etwas mehr und lassen ihn ein paar Schritte folgen, bevor Sie ihn dann zur Belohnung zurückführen. Auch hier gilt, wie bei fast jeder anderen Übung auch: Routine ist ein Spaßkiller. Führen Sie Ihren Vierbeiner auch einfach mal weg und geben Sie die Belohnung dafür aus Ihrer Hand. Oder lassen Sie bei einer Wiederholung die Belohnung ganz weg und führen Sie gleich danach die Übung mit der doppelten Belohnung durch. Die Übung soll nicht automatisch ablaufen, sondern Ihren Hund motivieren, auf Sie zu achten und sich auf Ihr Verhalten einzustellen. Lernen können wir nur aus Veränderung und Erfahrung, und das macht das Leben ja auch so spannend. Bleiben Sie kreativ!

D REI ECKSBE ZIEHUNG

Klingt einfach, aber hat es in sich: Zwei Menschen rufen einen Hund.

Startposition

Lassen Sie beide Ihren Hund sitzen und falls er aufgeregt ist, warten Sie, bis er ruhiger wird. Nun gehen Sie mit Ihrem Partner langsam von Ihrem Hund weg. Dabei kann es anfangs helfen, wenn Sie langsam rückwärts laufen, um ihn im Blick zu behalten und ihn stoppen zu können, sobald er Ihnen folgen will. Auf dem Weg entfernen Sie sich auch ein wenig von Ihrem Partner, so dass Sie am Ende für den Hund gut gleichzeitig sichtbar, aber trotzdem deutlich getrennt stehen.

Dreiecksbeziehung

Einer von Ihnen beiden lädt den Hund nun ein, während der andere ihn stoppt. Die Einladung sollte so klar wie möglich sein. Das Stoppen muss mit viel Gefühl erfolgen, um den Hund nicht zu verunsichern. Gleichzeitig müssen Sie sich ganz nebenbei auf eine Art und Weise mit Ihrem Partner abstimmen, die wir gern Ihrer Kreativität überlassen.

Wechselnde Partner

Beginnen Sie den Aufbau dieser Übung auf geringe Entfernung und behalten Sie die einmal festgelegten Rollen (Einladen und Stoppen) bei. Später können Sie dann mit immer größeren Distanzen zum Hund und auch zwischen den Menschen arbeiten und – richtig schwer – unterwegs die Rollen tauschen, also von Einladung zum Stoppen wechseln. Dazu müssen Sie drei ein perfektes Team sein.

Kapitel 3

Spannendes für zwei Menschen mit einem Hund

NOTIZEN

Spannendes für viele Menschen mit vielen Hunden – oder umgekehrt

MENSCH

HUND

PARCOURS

Diese Aufgabe ist sowohl sportlich als auch spaßig und an vielen Orten anwendbar. Sie können sie an- oder abgeleint durchführen. Und je größer die Gruppe ist, desto mehr Freude haben Sie.

Eine Reihe, bitte!

Suchen Sie sich eine Stelle aus, an der Sie bequem hintereinander in einer Reihe stehen können und noch genügend Platz haben, um jeden einzelnen Mitspieler herum zu laufen. Dann nehmen Sie, mit genügend Abstand zueinander, Aufstellung und setzen Sie Ihre angeleinten Fellnasen ruhig an einer Seite neben sich ab. Die Aufgabe für die Hundehalter in der Reihe ist es, den eigenen Hund zu kontrollieren und den durch den Parcours laufenden Hund nicht zu behindern.

Dynamisch? Gerne!

Der Letzte in der Reihe fängt an und läuft mit seinem Hund im Slalom um die Mitspieler herum. Er führt seinen Hund entweder ausschließlich mit Stimme und indem er vorläuft oder er hält ein Leckerli in der Hand. Aber aufgepasst, dass das nicht zu Neid bei den anderen Hunden führt.
Je nachdem, was Sie sich und Ihrem Hund zutrauen und in welcher Umgebung Sie sich befinden, kann der Hund im Parcours abgeleint werden. Sie können auch ruhig einen zackigen Schritt an den Tag legen und es damit spannender für Ihren Vierbeiner machen.

Der Nächste bitte!

Sobald das erste Mensch-Hund-Team den Parcours durchquert hat, nimmt es vorne Aufstellung und der Hund wird wieder angeleint. Dann startet der Nächste von hinten nach vorne. Die Aufgabe ist beendet, wenn die Aufstellung am Ende wieder so ist wie am Anfang. Den Schwierigkeitsgrad der Übung können Sie erhöhen, indem z. B. jeder zweite Mensch im Parcours breitbeinig steht und von dem Hund getunnelt werden muss, wie das die Dackeldame Shanty im zweiten Foto macht. Oder indem eine Station im Parcours einmal komplett umrundet werden muss. Darüber hinaus können Sie Zeitvorgaben machen, so dass jeder in zum Beispiel 30 Sekunden durch sein muss.

KS-Tipp:

Sie können aus solch einem Parcours eine Art Staffellauf machen. Nehmen Sie einen Stock als Staffelstab. Der Halter, der mit seinem Vierbeiner durch den Parcours gelaufen ist, muss diesen Staffelstab wieder nach hinten bringen und dem Nächsten in der Reihe übergeben, während sein Hund an vorderer Position auf ihn wartet.

BASEBALL

Beim Baseball macht es sich bezahlt, wenn Sie das Stoppen und Einladen aus dem Kapitel Körpersprache nicht nur aufmerksam gelesen, sondern mit Ihrem Hund auch schon geübt haben. Diese spannende Aufgabe können Sie mit drei oder mehr Mensch-Hund-Teams umsetzen. Beim Baseball üben Sie mit Ihrem Hund das klassische »Sitz und Bleib« unter erschwerten Bedingungen.

Aufstellung

Sobald sich alle Teilnehmer im Kreis aufgestellt haben, gilt es, Ruhe in die Hunde zu bringen und diese gelassen neben sich abzusetzen. Die Hunde markieren dadurch die Base auf dem Spielfeld und halten diese besetzt. Der Mensch hat nun die Aufgabe, die nächste Base zu erobern. Das funktioniert so, indem einer aus der Gruppe oder ein zuvor bestimmter Spielleiter bis Drei zählt.

Einmal mischen, bitte

Bei »Drei« gehen alle Hundehalter bis zur nächsten Base vor. Wenn Ihr Hund Ihnen folgen will, dann stoppen Sie ihn (Stichwort Körpersprache). Wenn der Hund schneller war, bringen Sie ihn wortlos, aber nachdrücklich an seinen Platz zurück. Dabei ist jeder Besitzer für seinen eigenen Hund zuständig, denn nicht jeder Hund mag es, wenn er von einem fremden Menschen angefasst wird.

Wenn alle Zweibeiner eine Station weiter sind, steht jeder von ihnen neben einem Hund, der nicht seiner ist. Und, was viel schwerer ist: neben jedem Hund steht auf einmal ein Mensch, der nicht »seiner« ist.

Richtigstellung

Das Warten und Stehen neben einem fremden Menschen sollten die Hunde ein paar Sekunden aushalten. Weiter geht es, indem wieder einer aus der Gruppe oder der Spielleiter bis Drei zählt. Bei »Drei« rufen alle Hundehalter Ihre Hunde zu sich oder – was noch schöner ist – alle Hundehalter laden Ihre Hunde rein körpersprachlich zu sich auf die neue Base ein. Eine Runde Baseball dauert so lange, bis alle Mensch-Hund-Teams wieder auf der Base angelangt sind, von der aus sie gestartet sind. Sie können den Schwierigkeitsgrad dieser Übung auf zwei Arten erhöhen. 1. Vergrößern Sie stetig den Radius des Kreises. 2. Verlängern Sie die Wartezeit der Hunde auf der Base neben dem »fremden« Menschen. 30 Sekunden können sehr, sehr lang sein – nicht nur für die Vierbeiner. Probieren Sie es aus.

ECSTASY

Kennen Sie die Situation, dass sich Ihr (ein) Hund im Spiel so »hochdreht«, dass er kaum zu beruhigen ist? Vielleicht haben Sie das ja schon selbst erlebt oder bei anderen Hunden beobachten können. Bei dieser Übungen lernt der Hund, nach Aufregung wieder runterzufahren. Und zwar auf Ihr Kommando.

Und … ACTION!

Bestimmen Sie zunächst einen Spielleiter, der für die Kommandos in dieser Aufgabe zuständig ist. Dann teilen Sie sich auf dem Ihnen zur Verfügung stehenden Platz so auf, dass Sie sich nicht in die Quere kommen, aber den Spielleiter noch in Blick und Gehör haben.
Nun beginnt der wohl spaßigste Teil für Ihren Hund: fangen Sie an, mit ihm zu spielen und zu toben. Animieren Sie ihn körpersprachlich, machen Sie sich klein, stupsen Sie ihn ruhig sanft und auffordernd und unterstützen Sie das mit einer »Karneval im Rheinland« Stimme – quiekend, piepsig, spielerisch. Wenn Sie nicht wissen, wie Ihr Hund respektive die Gruppe reagiert, lassen Sie alle Hunde anfangs an der Leine. Bei Rapunzel braucht es nicht viel, um sie – im wahrsten Sinne des Wortes – hochzuschrauben, wie man im großen Bild gut sehen kann.

Plötzlich Ruhe

Der Spielleiter gibt nun das Kommando Sitz! und hebt dazu einen Arm. Jetzt wechseln die

Hundehalter ad hoc die körpersprachliche Aussage Ihrem Hund gegenüber. Von jetzt auf gleich werden sie ruhig, schauen den Hund wieder an, die Stimme ändert sich in einen entspannten, aber bestimmten Ton, und der Befehl zum Sitzen wird gegeben. Manche Hunde brauchen länger als andere, um den plötzlichen

Stimmungsschwank zu registrieren und umzusetzen. Hier sind von Seiten des Hundehalters Geduld und Ruhe gefordert. Hektik oder Härte sind an dieser Stelle fehl am Platz, wie überall anders auch in der Hundeerziehung. Nicht vergessen: der Hund soll mit Spaß lernen, dass zwar das Spiel aufhört, aber dennoch eine Belohnung auf ihn wartet, sobald er sich ruhig gesetzt hat.

Geduldig Sitz!

Der erste Durchgang ist beendet, wenn alle Hunde vor ihrem Halter sitzen. Nach einer kleinen Weile kann dann die nächste Runde starten. Der Schwierigkeitsgrad der Übung variiert mit dem Einfallsreichtum des Spielleiters. Er kann als Befehl nicht nur Sitz, sondern beispielswiese auch Platz geben und die Dauer der Spielsequenz ausdehnen.

P A T R O

U I L L E

Bei dieser Aufgabe ist Kreativität gefragt, denn sie bietet wirklich viele Variationsmöglichkeiten. Diese Übung ist so lustig, so spannend und so kurzweilig, wie Sie sie gestalten.

Der Hund im Gänsemarsch

Auch bei diesem Spiel brauchen wir einen Spielleiter, der allerdings während der Aufgabe wechseln kann. Oder Sie bestimmen von Anfang an, dass sich jeder Hundehalter im Vorfeld eine Aufgabe ausdenken muss. Dann geht es im Gänsemarsch hintereinander los. Am besten sind die Hunde anfangs angeleint. Sie sollen aber in jedem Fall bei Fuß laufen.

Kreatives Gestalten

Wenn die Gruppe mit den Hunden bei Fuß einige Meter gegangen ist, wird entweder vom Spielleiter oder abwechselnd von den Mitspielern eine Aufgabe in die Gruppe gerufen, die diese mit den Vierbeiner sofort umsetzen sollen. Und hier kommt nun Ihr Einfallsreichtum ins Spiel. Wir fangen auf unseren Bildern mit einem Sitz! an.

Mehr ist mehr

Sitz und Platz sind sicher die Klassiker bei dieser Parade. Aber auch daraus kann mehr werden, wie Sie auf dem letzten Foto sehen. Setzen Sie Ihre Hunde ab, und gehen Sie ein paar Schritte weg. Oder legen Sie die Hunde ab, und steigen Sie einmal über sie rüber. Weiterhin könnten Sie einen Slalom von hinten nach vorne laufen oder Sie wechseln die Vierbeiner von Bei Fuß rechts auf Bei Fuß links. Wenn Sie eine entspannte Hundetruppe haben, dann können Sie auch die Hunde wechseln und die Leinen durchtauschen, bis jeder mal jeden Hund geführt hat. Versuchen Sie auch einmal, die Hunde in einer Reihe nebeneinander zu setzen, ein paar Meter weg zu gehen und dann die Hunde – einer nach dem anderen – zum Halter zu rufen. Oder auch alle auf einmal.
Je öfter Sie dieses Spiel spielen, desto mehr Ideen werden Sie sicher entfalten. Wir wünschen viel Spaß beim Grübeln und Testen!

KS-Tipp:

Wenn Menschen ihren Hund absetzen, um sich anschließend von ihm zu entfernen, machen das viele über den Befehl »Bleib«. Eigentlich ist das überflüssig, denn Sitz! heisst Sitz!, bis der Mensch den Befehl wieder aufhebt oder ein neues Kommando gibt.

»FISCHER FISCHER ...«

Einige Hundetrainer ziehen bei der Erziehung von Hunden Parallelen zu der Erziehung von Kindern. Wir haben uns bei diesem Spiel auch in der Welt der Kinder umgesehen. Erinnern Sie sich noch an das Spiel »Fischer, Fischer, welche Fahne weht heute«? Das geht auch mit Hund. Und wie!

Wer ist der Fischer?

Als erstes wird aus der Gruppe ein Hundehalter bestimmt, der den Fischer spielt. Dann sollten Sie sich einen ruhigen Platz aussuchen und ein Spielfeld markieren, zum Beispiel zwischen zwei Bäumen.
Fischer und Gruppe stellen sich nun im Abstand von fünf bis zehn Metern gegenüber auf. Die Gruppe ruft den Spruch aus Kindertagen: »Fischer, Fischer, welche Fahne weht heute?« Der Fischer sucht sich eine Farbe aus. Sinnvollerweise die, die sich am meisten in der Kleidung von Herr und Hund wiederfindet. Denn im nächsten Schritt darf er nur die Mitspieler fangen, die diese Farben tragen.

Heute weht die schwarze Fahne

Der Fischer antwortet nun der Gruppe, dass zum Beispiel die schwarze Fahne weht.

Alle Mitspieler, die nichts Schwarzes tragen, können unbehelligt auf die andere Seite wechseln, indem Sie mit ihrem Hund bei Fuß hinüber laufen. Der Fischer konzentriert sich hingegen auf die Mitspieler in oder mit schwarz. Er versucht, durch Abklatschen, Gefangene zu machen, die dann mit ihm auf seine Seite wechseln müssen. Die Crux an der Sache: sowohl Fischer als auch Mitspieler dürfen sich nur innerhalb des vorher festgelegten Spielfeldes bewegen. UND sie dürfen nur laufen, wenn ihr Hund bei Fuß ist. Ist er das nicht, dann müssen sie stehen bleiben und den Hund wieder heran holen. Das wird besonders spannend, wenn es später ohne Leine gespielt wird.

Immer mehr Fischer

Wenn der Fischer gut gejagt hat, dann steht er schon bei der nächsten Runde nicht mehr alleine auf seiner Seite. In unserem Fall hatte Katharina Pech, da ihre Dalmatinerin Püppi ungefähr 189 schwarze Flecken hat. Der Fischer hat die Beiden gefangen. Nun wird die nächste Runde für die Gejagten schwieriger, sind doch jetzt zwei Jäger unterwegs. Die Gruppe ruft wieder »Fischer, Fischer, welche Fahne weht heute!« Die Fischer sprechen sich ab, nennen die Farbe und weiter geht's. Das Spiel endet, wenn niemand mehr zum Jagen da ist.
Auch wenn Sie sich nicht fangen lassen möchten, bewahren Sie Ruhe bei diesem Spiel. Werden Sie nervös, überträgt sich das auf Ihren Hund, und dann ist das mit dem Bei Fuß! so' ne Sache. Hier ist Taktik statt Hektik angesagt.

STAFFEL LAUF

Jetzt ist Kampfgeist gefragt. Bei dieser spannenden Aufgabe treten zwei Gruppen gegeneinander an. Ehrgeiz hilft, aber auch Ruhe.

Zwei Gruppen

Teilen Sie sich in zwei gleich große Gruppen auf, und suchen Sie sich ein geeignetes Spielfeld aus. Das kann ein breiter Fußweg in ruhiger Umgebung, ein Park oder auch ein Wald sein. Für das Ende des Spielfeldes kann ein Baum, ein Geländer oder ein Busch benannt werden. Die Gruppen bestimmen, in welcher Reihenfolge die jeweiligen Teams starten. Das erste Team jeder Gruppe stellt sich an die Startlinie. Der Mensch hat zwei Leinen dabei (wahlweise auch Jacken, Tücher, Taschen etc.). Der Hund wird an der Startlinie abgesetzt und neben ihn wird eine Leine gelegt.

Kopf an Kopf Rennen

Nach dem Startschuss wirft der Mensch die zweite Leine vor sich. Nun muss der Hund an der ersten Leine sitzen bleiben und der Mensch läuft zur zweiten Leine vor. Sobald er angekommen ist, ruft oder lockt er seinen Hund zu sich an die zweite Leine und setzt ihn dort ab. Nun muss der Hund hier warten, während sein Mensch zu Leine 1 zurück läuft und sie holt. Wenn er wieder beim Hund ist, wirft er die Leine erneut vor sich, läuft hinterher, ruft den Hund und setzt ihn ab. Auf unseren Fotos liefern sich Rottweiler Grismo und Labradörin Ginger ein Kopf-an-Kopf-Rennen.

Zurück auf Start

Dieses Spiel setzt sich so fort, bis das vorab markierte Ende des Spielfeldes erreicht ist. Mit beiden Leinen laufen dann Hund und Halter zurück zum Start, übergeben die Leinen an den nächsten aus dem Team, der sich umgehend mit seinem Hund auf denselben Weg macht. Die Hunde, die gerade nicht an der Reihe sind, sollten von ihren Haltern angeleint werden, damit sie das Spiel nicht stören. Vor allem dann, wenn die Gruppen ihre Teams lautstark anfeuern.

Selbstverständlich hat die Gruppe gewonnen, die als erstes fehlerfrei den Staffellauf absolviert hat. Um den Schwierigkeitsgrad zu erhöhen, können Sie sich eine Strafrunde ausdenken, falls ein Hund auf dem Spielfeld zu früh aufsteht oder gar das Spielfeld verlässt. Entscheiden Sie, dass das Team zurück auf Start muss, bekommt der Staffellauf eine ganz neue Dynamik.

Spannendes für viele Menschen mit vielen Hunden – oder umgekehrt

Nachwort

Hinweise zur Nutzung, Haftungsausschluss

Die Übungen in diesem Buch wurden sorgfältig und gewissenhaft ausgewählt und beschrieben. Jeder Hund ist aber vor allem ein Tier mit seinem eigenen, individuellen Verhalten, das von der jeweiligen Situation und Verfassung des Tieres (auch gesundheitlichen) abhängt. Wir müssen daher jede Verantwortung bzw. Haftung für Schäden, die aus der Durchführung der hier beschriebenen Übungen entstehen, ablehnen. Sie handeln stets in eigener Verantwortung für sich und Ihr Tier. Wenn Sie bei irgendeiner Übung oder Anweisung in diesem Buch Fragen oder Zweifel haben, nehmen Sie die professionelle Hilfe Ihres Hundetrainers in Anspruch. Gehen Sie kein unnötiges Risiko ein, denn die Übungen in diesem Buch sollen Spaß machen!

Bitte beachten Sie folgende Tipps und Hinweise zur Nutzung:

- immer ruhig und in positiver Stimmung üben
- Übungen immer mit wenig Ablenkung beginnen
- Übungen mit Futter bei dem geringsten Anzeichen aggressiven Verhaltens abbrechen
- Übungen mit mehreren Hunden nur mit solchen Hunden, von denen bekannt ist, dass sie sich vertragen
- Übungen auf keinen Fall von Kindern oder unerfahrenen Menschen ausführen lassen
- geltende Vorschriften (Leinenzwang, Hundeverbot, Maulkorbpflicht) haben immer Vorrang vor den Anweisungen in diesem Buch
- Hunde müssen grundsätzlich gesund sein
- Die Unterstützung der Übung mit Futter als Belohnung (Leckerli) ist eine Möglichkeit, kann aber ebenso gut durch eine andere Form der Belohnung ersetzt werden. Ohne Belohnung geht es allerdings unserer Meinung nach nicht

Über die Autoren

Melanie Knies – Ich bin's, Melanie Knies. Kurz und knackig bin ich gebürtige Westfälin, erwachsen gewordene Niedersächsin, routinierte Europäerin und angelernte Berlinerin. Nach zehn Jahren als Touristikerin im Ausland hat mich das Leben in die deutsche Hauptstadt gespült. Seitdem entdecke ich jeden Tag neue Ecken in der Metropole – viele begeistern mich, andere sehen mich nie wieder. Ditt is Berlin, wa! An meiner Seite sind seit 2010 die Mischlingshündin Gioia und seit 2012 der Mischlingsrüde Magnus. Zusammen bilden wir das Team von BerlinMitHund. Und alles, was wir unterwegs erleben, wird in Geschichten verpackt und auf Papier gedruckt.
www.berlinmithund.de

Anke Peters – Als Tierfotografin kann ich meine Leidenschaft für Fotografie, für Menschen und für Tiere miteinander kombinieren. Das macht mich stolz und glücklich. Ich liebe es, die einzigartigen Momente der Harmonie zwischen dem Zweibeiner und seinem Gefährten zu entdecken und sie mit meiner Kamera festzuhalten. Die schönsten Aufnahmen entstehen, wenn die Beziehung zwischen Mensch und Tier vollkommen ist und auf einer starken Bindung basiert. Wenn ich nicht hinter der Kamera stehe, genieße ich die Natur bei gemeinsamen Spaziergängen mit meiner Hündin Lina, die mittlerweile ein erfahrenes Hundemodel ist.
www.fotografie-ankepeters.de

Simone Laube – Darf ich mich vorstellen? Simone Laube. 1977 bin ich in Steglitz zur Welt gekommen und habe sowohl meine schulische als auch meine berufliche Laufbahn hauptsächlich in Berlin absolviert. Nach dem Abitur begann ich ein Pharmaziestudium, bis ich buchstäblich auf der Straße meinem ersten Hund begegnete und mein Leben eine komplette Kehrtwendung machte. Ich traf den Wuschel an der Leine einer Frau, die mir erzählte, dass sie ihn in einem Korb ausgesetzt in Teltow fand. Zwei Tage später zog Gismo bei mir ein, und drei Monate später kam Molly. Beide öffneten mir die Tür in die Hundewelt der Hauptstadt. Kundin – Praktikantin – Hundetrainerin, so war mein Weg. Seit 2007 arbeite ich als Hundetrainerin (Canis-Absolventin, zertifiziert durch die Tierärztekammer). 2010 habe ich in Wilmersdorf eine eigene Hundeschule – die »Berliner Stadthunde« gegründet.
www.berliner-stadthunde.de

Robert Gaiswinkler – Sport und Natur machen mein Leben rund – beides gern auch intensiv. Lange Zeit habe ich mich als Mountainbiker für meinen Sport engagiert. Nach knapp fünfzehn Jahren war ich dann reif für Abwechslung und widmete mich den Hunden. Schnell spürte ich die riesige Faszination und enge Verbundenheit, die in der sportlichen Gemeinschaft mit Hunden steckt. Seitdem sind die Hündinnen Washita und Kira meine Trainingspartner, bei jedem Wetter und zu jeder Tageszeit. Wir lieben das Gefühl, mit hängenden Zungen von einer guten Trainingsrunde zurückzukehren. Uns geht es nicht um sportliche Höchstleistungen, sondern um Gesundheit und Fitness für ganz normale Haus- und Familienhunde, die Bewegung genauso nötig brauchen wie wir Menschen. Dafür trainieren, arbeiten und schreiben wir.
www.canissa.de